快乐地生活着，健康地行走着！
专注营养健康美食，我是认真的！

# 减脂增肌健身餐单

顾玉亮 ◎ 著

解放军第 309 医院营养科主任　左小霞 审定
刘晓鹏 摄影

化学工业出版社

·北京·

**图书在版编目（CIP）数据**

减脂增肌健身餐单 / 顾玉亮著. — 北京：化学工业出
版社，2018.8（2024.3重印）

ISBN 978-7-122-32340-8

Ⅰ.①减… Ⅱ.①顾… Ⅲ.①减肥-食谱 Ⅳ.①TS972.161

中国版本图书馆CIP数据核字（2018）第129377号

责任编辑：马冰初　　　　　　文字编辑：李锦侠
责任校对：边涛　　　　　　　装帧设计：北京美光制版有限公司

出版发行：化学工业出版社（北京市东城区青年湖南街13号　邮政编码 100011）
印　　装：北京宝隆世纪印刷有限公司
787mm×1092mm　1/16　印张8¾　字数280千字
2024年3月北京第1版第21次印刷

购书咨询：010-64518888　　　　　　　　　售后服务：010-64518899
网　　址：http://www.cip.com.cn
凡购买本书，如有缺损质量问题，本社销售中心负责调换。

定　　价：58.00元

# 序

本书不仅是一本赏心悦目的美食书，更是一本针对健身的膳食指导书。

想要拥有完美的身材，达到更好的健身效果，除了日常训练，还需要专业营养膳食来指导，通过营养食材之间科学的配比，巧妙的搭配以及适宜的烹调方法等。

健身人群总体的膳食原则：充足的能量、足够的蛋白质、复合碳水化合物、高膳食纤维和低脂肪。

补充充足的能量才能保证机体正常运转。三大产能营养素的能量占总能量的比例在55%~65%：20%~25%：15%~20%。

一般来说，健身人群需要比身高相同的平常人更多的能量来满足体内脂肪的代谢，维持正常的体脂率，并且满足肌肉高水平的修复和增长！

到底摄入多少能量合适呢？中国营养协会建议能量的摄入量，成年男性2250kcal（以标准体重75kg，轻体力劳动为准）/天，女性1800kcal（以标准体重60kg，轻体力劳动为准）/天，即：

每天摄入的总能量（kcal）=标准体重（kg）×能量供给标准（体力活动分级）

标准体重（kg）=身高（cm）-105

所以针对不同个体（身高、体重、劳动强度、性别、年龄等因素），训练的不同阶段（减脂、增肌、保持等），能量的摄入值也是不同的！做到吃动平衡，才能维持健康体重！就是在健康饮食、规律训练的基础上，保证食物摄入量和身体活动消耗量的相对平衡，并维持稳定的体重。

碳水化合物对于健身人群来说非常重要，不仅可以补充糖原，供给能量，还可以防止训练造成的肌肉分解。在健身训练的前后进行补充可以很好地供能增肌。紫薯、糙米、土豆、南瓜、杂豆中复合碳水化合物的含量非常高，可作为首选。本书列举了一些复合精力汤和粗杂粮饭的食谱，可以很好地补充能量，防止血糖的大幅波动。要尽可能减少精制添加糖的摄入。

蛋白质是肌肉的构成基石，也是肌肉生长的基础，因此每天必须摄入充足且优质的蛋白质，如鸡肉（去皮）、脱脂牛奶、鱼贝类、牛排、鸡蛋、瘦肉、坚果等。建议蛋白质每天摄入量为1.2~1.8g/kg（体重），过多地摄入蛋白质会加重肝脏和肾脏的负担，最好在一天的4~5餐中平均摄入。

脂肪虽然产生的能量相对较高，但对于健身人群，也不用"避之不及"，要摄入对身体有益的富含不饱和脂肪酸的油脂或其他食物，比如菜谱中用到的橄榄油、坚果、牛油果、鱼类等。

除此之外，书中有很多款营养沙拉菜品，新鲜的蔬菜和水果，它们富含多种维生素、矿物质、膳食纤维等，为机体提供多种营养。菜品中涉及的食物种类多样，秀色可餐，简单易操作，您值得拥有！

左小霞

解放军第 309 医院营养科主任

# 前言

一件事可以做多久？

做自己喜欢的事又可以做多久？

我想，每个人都有自己的答案吧！

拿到第一本职业证书到现在已经有 20 年了，结缘美食是一件幸福的事情。

正是源于喜欢，笃定坚持，与美食为伴的日子都变得无限美好！

本书不仅是赏心悦目的美食书，更是一本减脂增肌的健身餐单。减脂餐也能好吃美味不重样，色香味俱全，关键是颜值高，将仪式感融入生活。

每个人都想成为最美的自己，在我看来，"新鲜"的皮肤和结实的肌肉才是最美丽的衣裳！拥有一个健康的体魄是我们毕生追求的梦想！

本书从营养美食出发，希冀引领健康的生活方式，传达出对生活无限热爱的人生态度，成就我们美丽多彩的人生！

快乐地生活着，健康地行走着！

专注营养健康美食，我是认真的！

顾玉亮

# 目录
# Contents

## 晚餐

## 加餐

减 脂 增 肌 健 身 餐 单

早餐

# 草莓果干精力汤

热量
**530** kcal

## 材料

草莓 **6 个** ●●●●●●     香蕉干 **5 片** ●●●●●     腰果 **4 粒** ●●●●

麦芽水 **100g**       椰浆 **50g**

 做法

****
麦芽用纯净水浸泡2小时，过滤麦芽后把麦芽水倒入食品料理机。

****
草莓洗净去蒂后和香蕉干、腰果、椰浆一并放入。

****
食品料理机用高挡转速打制20秒钟，活力倍增的精力汤制作完成。

# 果干精力汤套餐

蛋白质
**20**g

热量
**676**kcal

 **材 料**

青苹果 **1** 个 ● 　　番茄 **1** 个 ●
菠萝干 **3** 片 ●●● 　面包 适量

- - - - - - - - - - - - - - - - - - - - - - -

大杏仁 **30g**
大松子 **30g**
胡萝卜干 **30g**
金橘 **20g**
麦芽水 **100g**
椰浆 **50g**

 **做 法**

**1** 麦芽用纯净水浸泡2小时，过滤麦芽后把麦芽水倒入食品料理机。

**2** 依次放入番茄、菠萝干、大杏仁、大松子、胡萝卜干、金橘和青苹果，最后放入椰浆，高转速打制20秒钟，倒出。

**3** 面包切片佐食，能量倍增的营养早餐制作完成。

■ 营养师点评

　　蔬果、坚果、果干还可以有如此的搭配！配上面包片佐食，满口生香，关键是还摄入了丰富的维生素、钙、铁、钾、膳食纤维、不饱和脂肪酸、磷脂等营养素，让头脑保持清醒，同时能量满满，美好的一天开始了！

### ▣ 营养师点评

当面包遇上集果、粮、油于一身的保健果品——牛油果（吉尼斯世界纪录甚至把牛油果评为最有营养的水果）时，不仅味道丰富，牛油果中富含的维生素 A、维生素 E 和维生素 $B_2$，对眼睛还很有益，经常使用电脑的白领们可以多吃。加上蓝莓、树莓这两款抗氧化的水果，此搭配是女性朋友们的福音。

# 火腿面包果泥

蛋白质
**14** g

热量
**348** kcal

### 🥫 材料

蓝莓 **6 个** ●●●●●●
树莓 **6 个** ●●●●●●

橄榄油 少许　百里香 少许　奶酪粉 少许

伊比利亚火腿 **50g** ▬▬▬▬▬▬▬
面包 **50g** ▬▬▬▬▬
甜菜苗 **30g** ▬▬▬▬
牛油果 **80g** ▬▬▬▬▬▬
盐 **1g** ▬▬▬▬▬
洋葱碎 **10g** ▬▬▬▬▬

### 🍲 做法

**1** 牛油果切块，将2/3的牛油果放入食品料理机，加入橄榄油、盐、百里香和洋葱碎打制成泥备用。

**2** 伊比利亚火腿和其他食材（除奶酪粉）码入盘中，挤上打制好的牛油果泥，最后撒入少许奶酪粉即可。

# 火腿紫菜花沙拉

**热量**
**305** kcal

## 🧂 材料

伊比利亚火腿 **2** 片 ●● 　红彩椒 **1** 个 ● 　黄彩椒 **1** 个 ● 　黑椒碎 少许

紫菜花 **50g** 　　　　　　　　　大藏芥末 **25g**

小青瓜 **50g** 　　　　　　　　　橄榄油 **10g**

狼牙生菜 **30g** 　　　　　　　　盐 **2g**

蓝莓 **30g** 　　　　　　　　　　芥末籽 **5g**

树莓 **30g**

**做法**

**1** 紫菜花烫熟备用，红彩椒、黄彩椒、小青瓜分别切成小丁，和火腿及其他果蔬食材一起摆入盘中。

**2** 橄榄油、大藏芥末、芥末籽、盐和黑椒碎调成酱汁，淋在食材上即可。

**营养师点评**

　　紫菜花含丰富的萝卜硫素，是抗癌的明星蔬菜！搭配其他新鲜的蔬菜、水果，色泽悦目。它含有丰富的植物化学成分、维生素 C 和膳食纤维，有芥末与橄榄油的陪伴，口感有点小刺激，是减肥、重视健康人士的好选择。

# 口蘑培根沙拉

**28**g

热量
**375**kcal

### 材料

无油培根 **2** 条　　　混合胡椒 少许

口蘑 **50g**　　　　　　橄榄油 **10g**

蚕豆 **20g**　　　　　　盐 **3g**

芝麻菜 **30g**　　　　　欧芹碎 **10g**

圣女果 **20g**　　　　　蒜蓉 **5g**

桑葚 **20g**

口蘑含有大量膳食纤维，具有防止便秘、促进排毒、预防糖尿病及大肠癌的作用。口蘑又属于低热量食物，是一种较好的减肥美容食品。它还含有多种抗病毒成分，对病毒性肝炎有一定食疗效果。此款菜肴调味独特，享用它不光有利于健康，也可以享受美味！

**做法**

**1** 平底锅中放入无油培根煎到两面焦香，切成片备用。

**2** 把橄榄油放入平底锅中，下入口蘑、芝麻菜和蚕豆，以及圣女果煎熟，下入混合胡椒和欧芹碎、蒜蓉提香，加入盐提味。

**3** 处理好的食材摆入盘中和桑葚一起食用。

# 培根芹香沙拉

**热量**
**276** kcal

## 材料

培根 2 片 ●●
苹果 半个 ◖

- - - - - - - - - - - - - - - - - - - -

西芹 50g
核桃仁 30g
小洋葱 20g
蛋黄酱 30g
盐 2g

## 做法

**1** 培根放入平底锅中煎熟，切成片备用。

⬇

**2** 西芹去掉筋，切成块，苹果去皮切成块备用。

⬇

**3** 西芹、苹果、培根、核桃仁、小洋葱拌在一起，加入盐和蛋黄酱拌匀即可。

# 金枪鱼蔬果沙拉

## ■ 营养师点评

　　金枪鱼中含有丰富的酪氨酸，能帮助生产大脑神经递质，使人注意力集中，思维活跃。该食材还含有丰富的DHA，具有促进儿童大脑发育、延缓老人记忆衰退的作用。搭配新鲜的蔬果，营养齐全，关键是集健脑、减肥、美容于一身。

蛋白质

**22**g

热量

**368**kcal

## 📦 材料

煮全蛋 1 个 ●　　树莓 5 个 ●●●●●

- - - - - - - - - - - - - - - - - - - - - - - - - - -

金枪鱼 **50g**

芝麻菜 **30g**

芦笋片 **30g**

甜玉米粒 **20g**

菜花 **20g**(小朵)

## 📦 甜椒蒜蓉酱

橄榄油 **10g**

盐 **2g**

红彩椒 **50g**

橙子皮 **20g**

蒜蓉 **20g**

纯净水 **30g**

## 🍲 做法

**①** 鸡蛋煮熟切开，和金枪鱼等果蔬一起摆入盘中。

⬇

**②** 甜椒蒜蓉酱：

- 把橙子皮切块，盐、红彩椒、蒜蓉、菜花、纯净水倒入料理机中，用高挡转速打制成蓉。
- 把橄榄油倒入一起打制。

⬇

**③** 把打制好的彩椒蒜蓉酱浇在摆盘的食材上即可。

# 西洋菜金枪鱼沙拉

2 人食用

### 材料

| | |
|---|---|
| 西洋菜 **100g** |  |
| 金枪鱼 **50g** | |
| 玉米粒 **30g** | |
| 洋葱圈 **30g** | |
| 圣女果 **50g** | |

蛋白质
**55** g

热量
**662** kcal

### 自制沙拉汁

熟蛋黄 **2** 个 ●●

- - - - - - - - - - - - - - - - - - - - -

| | |
|---|---|
| 橄榄油 **30g** |  |
| 白酱油 **15g** | |
| 白砂糖 **5g** | |
| 麦芽糖 **15g** | |
| 盐 **3g** | |
| 口蘑 **80g** | |
| 苹果醋 **20g** | |

###  做 法

**1** 金枪鱼（罐装即食）切块，和其他洗净的蔬菜一起码入盘中。

**2** 自制沙拉汁：
- 口蘑切块，用开水氽烫。
- 把橄榄油、白酱油、白砂糖、麦芽糖、盐、蛋黄和苹果醋倒入料理机，加入口蘑，用中速打均匀。

**3** 将自制沙拉汁淋在果蔬食材上拌匀即可。

　　西洋菜富含丰富的维生素、矿物质、膳食纤维。罗马人用西洋菜治疗脱发和坏血病。在伊朗，人们认为西洋菜是一种极好的儿童食品。中医认为它清燥润肺，化痰止咳，利尿。

　　金枪鱼含有丰富的酪氨酸，能使人注意力集中，思维活跃。含有DHA，具有增强智力、延缓记忆衰退的作用。想润嗓清肺、头脑敏捷，就吃它了！

## 营养师点评

鸡胸肉中含有较多的蛋白质，易被人体吸收，具有健脾胃、强筋骨等功效。秋葵中含有丰富的维生素 C 和可溶性膳食纤维，不仅对皮肤具有保健作用，而且能使皮肤白皙、细嫩；秋葵同时富含 $\beta$ – 胡萝卜素，可以保护皮肤，减少自由基损伤。这款菜肴还伴有新鲜水果，为健康美丽加油！

# 照烧鸡肉沙拉

2 人食用

蛋白质
**40** g

热量
**439** kcal

## 🏺 材料

金橘 **2** 个 ●●          无花果 **2** 个 ●●

蓝莓 **5** 个 ●●●●●     迷迭香 **1** 枝 ●

树莓 **1** 个 ●

鸡胸肉 200g
秋葵 50g
照烧酱 50g
白葡萄酒 50g
洋葱圈 50g
盐 5g
橄榄油 10g

## 🍲 做法

**1**

鸡胸肉放入腌肉盘中，用白葡萄酒、迷迭香腌制入味，静置2小时。

**2**

秋葵放入开水中焯一下，过滤后切开备用。

**4**

煎锅烧热，淋入少许橄榄油，把腌制过的鸡胸肉煎至两面焦黄、香味溢出时，在表面均匀地涂上照烧酱，略微煎制一下，即可出锅改刀。

**3**

用橄榄油和盐把备好的无花果、秋葵等果蔬食材略微腌制一下，码入盘中。

# 炫彩营养早餐

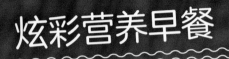

蛋白质
**32** g

热量
**597** kcal

 **材 料**

蜂蜜莲蓉夹心面包半个　　草莓 **5** 个　　　　　煮鸡蛋 **1** 个　　牛奶 **1** 杯

紫色菜花 **30g**　　　　　　　　　　　橄榄油 **10g**

西蓝花 **50g**　　　　　　　　　　　　盐 **3g**

大杏仁 **30g**

■■ 做法

**1**
蜂蜜莲蓉夹心面包放入烤箱焙热。

➡

**2**
牛奶加热即可。

➡

**3**
紫菜花和西蓝花用开水氽烫后加入橄榄油和盐，捞出，和煮鸡蛋等其他食材一起码入盘中即可。

# 营养坚果时蔬酸奶

蛋白质
**27** g

热量
**521** kcal

## 材料

黄油 1 块 ●

紫菜花 **50g**
青豆 **30g**
方面包丁 **100g**
大杏仁 **30g**
欧芹碎 **5g**
土豆丁 **100g**
酸奶 **150g**
蛋黄酱 **100g**
盐 **2g**
橄榄油 **5g**
白芝麻 **2g**
黑胡椒碎 **1g**

## 做法

**1** 紫菜花和青豆、土豆丁分别煮熟备用。

**2** 方面包丁用黄油和欧芹碎烤香。

**3** 将所有坚果时蔬拌在一起，加入酸奶、蛋黄酱、盐、橄榄油、白芝麻和黑胡椒碎搅拌均匀。

■ 营养师点评

　　奶制品是我们每天都应该摄入的一类食物，单吃太寡淡，如果给它配上能健脑润肤的坚果、能减肥通便的蔬菜、能补充能量的面包，还有香醇味美、绵甜可口的黄油，只要不吃过量，就可以促进维生素的吸收，对壮骨润肤也很有帮助，想不想马上尝一尝呢？

　　酸奶与坚果本来就是绝配，不光口感搭，还含有丰富的蛋白质、维生素 E、钙、磷脂等营养素，加上助阵嘉宾——蓝莓、树莓，爱美女性就吃这款坚果烙吧，不光美容美肤，还健大脑，让你的颜值与智慧并存，关键是还酸甜可口，很美味呢！

# 酸奶蓝莓坚果烙

## 3 人食用

### 材料

蓝莓 **10 个** ●●●●●●●●●●

树莓 **3 个** ●●●

- - - - - - - - - - - - - - - - - - - - - - - - -

大杏仁 **30g**

玉米片 **30g**

核桃仁 **30g**

夏威夷果仁 **30g**

松子 **20g**

奶酪粉 **5g**

原味酸奶 **150g**

蛋白质
**27** g

热量
**1154** kcal

### 做法

**1** 分别将大杏仁、核桃仁、夏威夷果仁、松子放入烤箱，调至150℃烤至酥脆，加入玉米片和树莓、蓝莓。

**2** 撒上奶酪粉，浇上原味酸奶。

**3** 再放入烤箱烤制5分钟即可。

# 减脂增肌健身餐单

# 粉蒸青菜

蛋白质
**12**g

热量
**407**kcal

## ▮▮▮ 营养师点评

　　谁说蔬菜蒸着吃就寡淡了，来试试这款搭配吧！清爽的黄绿色，富含矿物质、膳食纤维，对身体排毒很重要，关键是还有好搭档——紫皮藜麦，口感独特，有淡淡的坚果清香，具有抗癌、减肥等功效。此款蒸菜还富含维生素 E 和叶酸，不仅抗衰老，而且对备孕及孕期女性的健康有帮助，对胎儿的生长发育也是非常有益的。

## 🫙 材料

芝麻菜 **200g**

黄瓜片 **200g**

胡萝卜片 **50g**

紫皮藜麦 **30g**

盐 **3g**

面粉 **30g**

橄榄油 **5g**

蒜蓉 **10g**

米醋 **50g**

### 🍲 做法

**1**
紫皮藜麦放入锅中蒸熟（水开10分钟）。

**2**
芝麻菜、黄瓜片、胡萝卜片用盐略腌一下，和面粉均匀地拌在一起，放入盐、橄榄油和紫皮藜麦。

**3**
将处理好的食材放入蒸锅，用中汽蒸制3分钟，出锅装盘。

**4**
用蒜蓉和米醋兑汁蘸食。

# 煎烧竹荚鱼

蛋白质
**38**g

热量
**593**kcal

## 📦 材 料

竹荚鱼 **1** 条 ●　　　小青瓜 **2** 根 ●●
糖水山楂 **2** 个 ●●　小青橘 **3** 个 ●●●
油醋汁 少许　白兰地 少许　干迷迭香 少许

橄榄油 **15g**
盐 **5g**
照烧汁 **20g**
混合胡椒 **10g**

## 🍲 做 法

**1** 竹荚鱼去内脏，清洗干净，用混合胡椒、盐、白兰地和橄榄油腌制，去腥入味。

**2** 小青瓜刨成薄片放入冷水中清洗浸泡。

**3** 平底锅烧热放入橄榄油，下入腌制好的竹荚鱼煎至两面金黄，烹入白兰地增香。

**4** 其他食材摆盘，与竹荚鱼一起用照烧汁和油醋汁分别蘸食即可。

 营养师点评

　　竹荚鱼为我国的经济鱼类，经过以上腌制烹调后，肉质细嫩，易消化吸收，含丰富的蛋白质、钙、镁等营养素，与山楂、青瓜、青橘等富含维生素的去腥提鲜食材一起蘸汁食用，味道鲜美极了，可以减肥增肌，关键是对骨骼和心血管的健康还有帮助。

# 红虾营养沙拉

2人食用

红虾含高蛋白，还含有丰富的能降低人体血清胆固醇的牛磺酸，加上镁元素，可以保护我们的血管。另外，海虾中含有三种重要的脂肪酸，能使人长时间保持精力集中。搭配新鲜的蔬果、健脑的芝麻，用脑过度时就吃它吧！

蛋白质
**26**g

热量
**643**kcal

## 🫙 材料

樱桃 **5** 个 ●●●●●　糖水山楂 **3** 个 ●●●

青柠檬 少许　白芝麻 少许　橄榄油 少许　盐 适量　意式黑醋 少许

- - - - - - - - - - - - - - - - - - - - - - - - - - - - - - - - - - -

阿根廷红虾 **150g** ▬▬▬▬　　　芥末籽 **5g** ▬▬

黄金西葫芦 **40g** ▬▬　　　　大藏芥末 **20g** ▬▬▬

芝麻菜 **100g** ▬▬▬

 做法

阿根廷红虾
煮熟备用。

黄金西葫芦煎
熟，搭配糖水山
楂、青柠檬、白
芝麻、樱桃和芝
麻菜一起摆盘。

调制酱汁：大藏芥
末、芥末籽、橄榄
油、盐和少许意式
黑醋调成酱汁。

淋在配好红虾的蔬
果拼盘上面。

# 生煎秋刀鱼

蛋白质
**42**g

热量
**585**kcal

## 材料

秋刀鱼 **1** 条
罗勒叶 **3** 片
柠檬 **3** 片

芦笋 **30g**
熟南瓜 **30g**
洋葱碎 **25g**
橄榄油 **10g**
白胡椒粉 **3g**
盐 **3g**
朗姆酒 **10g**
千岛酱 **20g**

## 做法

**1** 秋刀鱼洗净后吸干水分，用罗勒叶、柠檬、洋葱碎、橄榄油、白胡椒粉、盐和朗姆酒腌制入味，去腥半小时。

**2** 平底锅中放入橄榄油，将秋刀鱼煎熟，和蔬菜搭配好后淋上千岛酱即可。

# 烧烤海鱼

蛋白质
**38**g

热量
**461**kcal

🫙 **材料**

海鱼 **1** 条 ● 草莓 **2** 个 ●●

西葫芦 **100**g
蚕豆 **30**g
意式烧烤酱 **35**g
白葡萄酒 **20**g

盐 **3**g
橄榄油 **10**g
黑胡椒 **5**g
百里香 **5**g

海鱼的脂肪中富含 $\omega-3$ 不饱和脂肪酸，其中的 EPA 可以降低心脑血管系统疾病的发生率，可以增加皮肤和血管的弹性，有减肥、美容、延缓肌肤衰老的功效；更重要的是海鱼中含有的 DHA，是海洋鱼类和贝类生物、海藻中独有的物质，淡水鱼中几乎没有。DHA 具有保护大脑和促进大脑发育的功能。儿童和青少年多吃，可以促进大脑发育，老年人多吃可以保护大脑，延缓大脑功能减退，避免老年痴呆症的发生。家里有老有小的每周给他们吃顿海鱼吧！

**● 做法**

**1**
海鱼清洗干净控干水分，用盐、白葡萄酒、橄榄油、黑胡椒、百里香腌制20分钟备用。

**2**
西葫芦和蚕豆用黑胡椒和盐拌匀备用。

**3**
烤箱调温至200℃，把腌过的海鱼抹上意式烧烤酱，放入烤箱，烤制10分钟至熟，其他蔬菜也一同烤熟。

**4**
将海鱼与其他食材搭配在一起即可食用。

# 烧鳗酱三文鱼

蛋白质
**42**g

热量
**192**kcal

## 📦 材料

慢煮全蛋半个 ◖  青柠檬片 **3** 片 ●●●

盐 适量  油醋汁 适量

- - - - - - - - - - - - - - - - - - - - - - - - -

三文鱼 **200g**

紫甘蓝 **30g**

甜豆 **20g**

樱桃萝卜片 **15g**

意大利面 **50g**

烧鳗酱 **30g**

混合胡椒 **5g**

莳萝 **5g**

白葡萄酒 **15g**

## 🍲 做法

**1** 三文鱼用混合胡椒、莳萝、盐和白葡萄酒腌制30分钟备用。

⬇

**2** 锅中加水烧开，把意大利面煮到没有硬心后捞出垫底备用。

⬇

**3** 烤箱温度调至200℃，把腌制好的三文鱼涂匀烧鳗酱烤制10分钟至熟。

⬇

**4** 将三文鱼和其他食材一起摆盘，淋上油醋汁即可食用。

　　三文鱼中的 $\omega$–3 这种不饱和脂肪酸能降低血脂和血胆固醇，从而预防高脂血症、糖尿病等慢性病，促进血管健康。而且其中含有的 DHA 和 EPA，还能促进视网膜和神经系统发育。

# 豉油三黄鸡

3 人食用

蛋白质
**130**g

热量
**1820**kcal

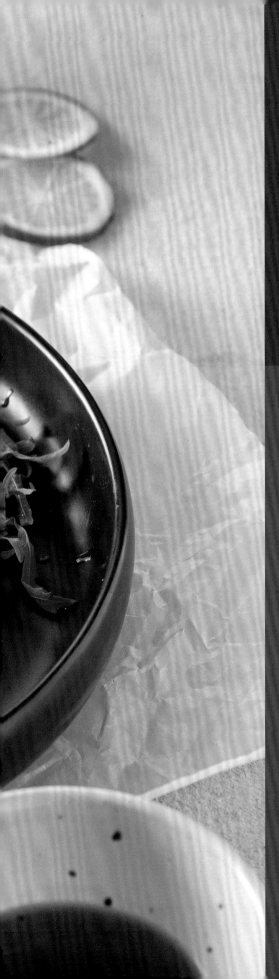

## 材料

三黄鸡半只 ◖　　　　青柠檬 **1** 个 ●

千禧番茄 **3** 个 ●●●　　姜 **3** 大片 ●●●

- - - - - - - - - - - - - - - - - - - - - - - -

芝麻菜 **20g**　

黄姜粉 **30g**

香葱 **20g**

盐 **5g**

水 **2000g**

蒸鱼豉油汁 **50g**

## 做法

**1** 水烧开后加入盐、姜、香葱、青柠檬、黄姜粉略煮出味道，做成汤汁。

↓

**2** 半只三黄鸡洗净，放入汤汁中，小火慢煮5分钟，关火。浸泡20分钟捞出，放凉备用。

↓

**3** 将果蔬摆盘，三黄鸡凉透之后斩成小块，用蒸鱼豉油汁佐食即可。

### ▭ 营养师点评

　　三黄鸡具有体型小、外貌"三黄"（羽毛黄、爪黄、喙黄）、生存能力强、产蛋量高、肉质鲜嫩等优良特点。其肉质细嫩，味道鲜美，富含蛋白质、矿物质、维生素，在国内外享有较高的声誉。切块的鸡肉佐上蒸鱼豉油，脂肪含量低，是补益佳品，关键是不易发胖。

# 西蓝花苗菲力牛排

2人食用

## ▣ 营养师点评

　　菲力牛排就是用一定厚度的牛里脊肉做成的牛排，含有丰富的优质蛋白质、铁、B族维生素等营养成分。常减肥的女性易出现贫血现象，对于想保持神采奕奕的人，预防贫血是很重要的。而蔬菜中的维生素C能促进铁的吸收，这款牛排是你不错的选择。

蛋白质
**72** g

热量
**747** kcal

## 🥫 材 料

红彩椒 **1个** ● 黄彩椒 **1个** ● 蔬菜汁 适量 黑椒碎 少许 盐 适量 白兰地 少许

菲力牛排 **300g**　　　　　　　　　　红酒 **30g**

鲜蚕豆 **50g**　　　　　　　　　　　黑椒汁 **20g**

西蓝花苗 **50g**　　　　　　　　　　橄榄油 **10g**

 做法

**1** 菲力牛排用蔬菜汁、红酒、黑椒碎、盐腌制入味。

→

**2** 平底锅中放入橄榄油，将菲力牛排煎至七八成熟，淋上黑椒汁、白兰地增香。

→

**3** 鲜蚕豆和西蓝花苗汆水后加盐入味备用。

→

**4** 将果蔬和煎熟的菲力牛排搭配在一起，撒上黑胡椒碎。

　　排骨中含有丰富的肌氨酸，可以增强体力，让人精力充沛；所含的血红素铁和半胱氨酸能改善缺铁性贫血。南瓜中含有丰富的维生素E和β-胡萝卜素，可抗氧化、保护视力。红腰豆有补血、增强免疫力、帮助细胞修复及抗衰老等功效。此款菜肴特别适合家人聚餐。

# 金瓜腰豆排骨

## 2 人食用

蛋白质 **26** g

热量 **953** kcal

### 🫙 材料

姜 5 片 ●●●●●
香葱 2 棵 ●●

- - - - - - - - - - - - - - - - - - - - - - - -

精肉排 200g
红腰豆 30g
金瓜 50g
萝卜苗 10g
盐 5g
玉米粒 20g
陈年花雕酒 30g

### 🍲 做 法

**1** 精肉排斩成3cm的段，放入冷水中浸泡30分钟，去除腥味以及血渍。

**2** 锅中加入冷水，下入精肉排焯水，去除血沫和腥味，捞出后用冷水洗净备用。

**3** 高压锅中加入冷水，下入焯过的精肉排，加入盐、姜、香葱、陈年花雕酒，烧开，转小火，压制15分钟。

**4** 开盖，下入金瓜、红腰豆、玉米粒，小火慢炖5分钟即可。

# 蜜汁酱烧牛肋排

蛋白质
**38**g

热量
**374**kcal

## 材料

金橘 少许　茴香根 少许　树莓**3**个 ●●●

牛肋排 **200g**
照烧酱 **50g**
红酒 **30g**
蜂蜜 **30g**
盐 **5g**
白葡萄酒 **20g**
小洋葱 **50g**
迷迭香 **5g**
橄榄油 **15g**

## 做法

 锅中加入适量水，放入红酒、迷迭香、白葡萄酒、小洋葱、盐、橄榄油烧开，放入牛肋排小火慢煮30分钟，捞出备用。

 把照烧酱和蜂蜜调和在一起，加入少许迷迭香和红酒，均匀地涂抹在牛肋排上，放入烤箱，面火温度200℃，底火温度80℃，烤8分钟。

③ 搭配金橘和茴香根食用。

　　牛肉中含有丰富的蛋白质，氨基酸组成比猪肉更接近人体需求，对提高身体免疫力、强身健体有食疗作用。在白葡萄酒、红酒、小洋葱、迷迭香的调味下，散发出迷人的味道，与开胃健胃的金橘、茴香根一同食用，还可以暖胃，特别适合贫血、手脚冰凉、怕冷畏寒的人食用。

# 薏米菜头牛小排

蛋白质
**50**g

热量
**503**kcal

### ■ 营养师点评

　　牛排富含丰富的蛋白质，能提高身体免疫力。薏米消肿健脾。洋葱中所含的微量元素硒是一种很强的抗氧化剂，能消除体内自由基，增强细胞的活力和代谢能力，具有防癌抗衰老的功效。茴香菜头养胃通便，这款菜肴有饭有菜有肉，营养美味，关键是做法还很洋气！

 材料

牛排**1**块（约**200g**） ● 红彩椒**1**个 　 黄彩椒**1**个

茴香菜头 **50g**　　　　　　黑胡椒 **10g**

洋葱丝 **50g**　　　　　　　橄榄油 **15g**

薏米 **30g**　　　　　　　　红酒 **20g**

百里香 **10g**　　　　　　　盐 **6g**

### 做法

**1**
牛排放入腌肉盒中，加入黑胡椒、盐、百里香、红酒、橄榄油，在牛排表面涂抹均匀，静置2小时。

**2**
薏米用温水浸泡，用蒸锅蒸制20分钟备用。

**3**
煎锅烧热，放入少许橄榄油，下入腌好的牛排，煎至表面焦香上色，翻面，再把另一面煎熟，改刀装盘。

**4**
薏米和红彩椒、黄彩椒用橄榄油和盐炒香后垫在盘底，用洋葱丝和茴香菜头佐食即可。

# 牛肉河粉
## 2 人食用

### 📖 营养师点评

　　河粉这种小吃在我国可谓历史悠久，其制作工艺实际上和陕西凉皮、汉中米皮有着异曲同工之妙。不过，虽然河粉可以充当主食，但河粉中所含的营养物质却不是很全面，所以在吃河粉的时候，最好搭配其他食物，例如与牛肉、蔬菜等一起食用，这样可以使身体摄取的营养均衡，而且饭菜都有了，能量满满，是省事的一道美食！

蛋白质
**30**g

热量
**835**kcal

### 🫙 材 料

红彩椒 **1**个 ● 黄彩椒 **1**个 ● 芦笋 **2**根（切段） ● ●

| | |
|---|---|
| 鲜河粉 **200g** | 味极鲜酱油 **15g** |
| 牛肉片 **50g** | 橄榄油 **10g** |
| 绿豆芽 **30g** | 洋葱丝 **20g** |
| 蚝油 **15g** | |

**做法**

 锅烧热，下入橄榄油，再下入洋葱丝炒香，把牛肉片倒入，小火慢慢焗熟，下入鲜河粉炒熟。

②加入耗油和味极鲜酱油调味，放入红彩椒、黄彩椒、芦笋段和绿豆芽，快速大火翻炒均匀即可。

# 五谷杂粮龙虾饭

2 人食用

蛋白质
**24** g

热量
**928** kcal

 **材 料**

鸡蛋（取蛋白）**1个** ●

口蘑 **6个**（对切） ●●●●●●

- - - - - - - - - - - - - - - - - - - - - -

波士顿龙虾肉 **10g**

糙米 **30g**

小米 **30g**

玉米粒 **20g**

红腰豆 **20g**

青豆 **30g**

薏米 **30g**

盐 **2g**

橄榄油 **10g**

**做 法**

**1** 龙虾肉焯水，控干水分备用。

**2** 平底锅烧热，下入橄榄油，倒入蛋白，
快速炒散，下入蒸好的杂粮饭和龙虾
肉、玉米粒等食材，中火翻炒，加入盐
调味，充分翻炒均匀，炒至干香即可。

《黄帝内经》提出"五谷为养"，谷，指主食，给我们提供充足的能量、维生素、矿物质，是最经济的热量来源。但现代人由于吃的主食过于精细，容易缺少维生素和膳食纤维，"富贵病"易找上门来。有了这款杂粮饭，你就可以不用犯愁了，而且还有龙虾肉和豆类搭配，不光营养丰富，也很有滋味。

# 鲜虾孢子甘蓝杂粮饭

## 营养师点评

如果想拥有苗条健康的身体，动物性食物里多选用鱼虾，主食里常备些粗粮，增加膳食纤维，增添饱腹感，再食用充足的蔬菜水果，烹调方式少油盐，这样不仅热量低，营养还丰富。这款杂粮饭就是这样搭配出来的。

蛋白质
**42** g

热量
**401** kcal

## 材料

鸡蛋（取蛋黄）**1个** ●　　小青橘 **2个** ●●

| | |
|---|---|
| 海虾肉 **60g** | 洋葱碎 **10g** |
| 孢子甘蓝 **50g** | 白葡萄酒 **10g** |
| 高粱米 **100g** | 奶酪粉 **10g** |
| 小米 **100g** | 黑胡椒 **3g** |
| 红苋菜苗 **20g** | 盐 **3g** |
| 青豆 **20g** | 橄榄油 **10g** |

 做法

**1** 高粱米和小米中加入适量水和橄榄油蒸熟备用。（可以适当蒸得硬一点，口感会更好）。

**2** 平底锅中下入橄榄油，放入海虾肉煎至两面变色，放入少许黑胡椒炒香，下入奶酪粉、蛋黄、白葡萄酒炒香，再下入高粱饭、小米饭、洋葱碎和青豆翻炒，用盐调味。

**3** 孢子甘蓝、红苋菜苗焯水后凉透，佐鲜虾杂粮饭即可。

# 原味秋葵烤海虾

~ 2 人食用

## 材料

活海虾 300g
秋葵 200g
盐 5g
黑胡椒碎 5g
樱桃味白兰地 15g

## 做法

**1** 活海虾用樱桃味白兰地和少许盐腌制一下。

**2** 秋葵整根用开水焯烫，避免营养素和果胶流失，过凉之后从中间切开，撒少许盐和黑胡椒碎。

**3** 烤箱面温调至180℃，底温调至160℃，放入腌制好的海虾和处理过的秋葵，分别烤制20分钟和15分钟即可。

### 营养师点评

虾富含镁，能很好地保护心血管系统，可减少血液中胆固醇含量，防止动脉硬化。当然，虾中的钙与蛋白质对骨骼及牙齿的健康也不可或缺。在美、英等国家被列入新世纪最佳绿色食品名录的秋葵，因被许多国家定为运动员的首选蔬菜而被称为"奥运蔬菜"。这款菜肴低脂、高蛋白、高维生素，注重健康的人群有口福了！

蛋白质
**54**g

热量
**555**kcal

　　ω-3 不饱和脂肪酸在预防皱纹、控制体重方面扮演着重要角色。而三文鱼恰恰就是不饱和 ω-3 脂肪酸含量最高的鱼类。此外，三文鱼还以富含强抗氧化剂——虾青素著称，这也是延缓衰老的重要因素。值得不喜欢吃生鱼者注意的是，三文鱼最忌煮制过烂，快速烹饪法最适合它们。如像这样将其稍腌，煎至七八成熟，能够充分发挥其美容护肤功效。

# 照烧三文鱼

～～～ 2 人食用

蛋白质 **35**g

热量 **643**kcal

## 材料

柠檬 **2** 片 ●●
迷迭香 **1** 枝 ●

---

三文鱼 **200g**
狼牙生菜 **50g**
樱桃萝卜 **30g**
照烧酱 **40g**
白葡萄酒 **50g**
洋葱碎 **20g**
盐 **5g**
橄榄油 **10g**
甜辣酱 **15g**

## 做法

**1** 三文鱼去除骨刺，放入腌肉盘中，用白葡萄酒、柠檬、洋葱碎、迷迭香、盐、橄榄油腌制，静置1小时。

**2** 将各种蔬菜码入盘中，淋少许甜辣酱即可。

**3** 锅烧热，下入橄榄油，把腌制过的三文鱼煎至两面变色，均匀涂抹照烧酱，最后改刀装盘。

空心粉含有丰富的碳水化合物、维生素，以及钾、钙、镁等无机盐，可促进肠胃消化。牛肉富含蛋白质、铁、维生素等，而且与空心粉味道特别搭，加上蓝莓、罗勒叶，是一道味道奇特的异域风情美食，不妨赶紧尝尝吧！

# 肉酱空心粉

2人食用

蛋白质 **25**g

热量 **960**kcal

## 材料

蓝莓 **5** 个 ●●●●●　　罗勒叶 **2** 片 ●●

干辣椒面 少许　　薄荷叶 几片

黑胡椒 少许

- - - - - - - - - - - - - - - - - - - - -

空心粉 **150g**

牛肉末 **30g**

番茄酱 **30g**

橄榄油 **15g**

蒜蓉 **10g**

欧芹 **10g**

黄油 **5g**

洋葱碎 **15g**

盐 **3g**

鲜味酱油 **5g**

## 做法

**1** 锅中加入清水烧开，放入空心粉，加入橄榄油慢煮7分钟至没有硬心后捞出，沥干水分备用。

↓

**2** 锅中下入黄油和橄榄油，下入牛肉末、番茄酱、蒜蓉和洋葱碎、干辣椒面、黑胡椒、罗勒叶、欧芹炒香，倒入煮熟的空心粉，加入盐和鲜味酱油炒均匀，盛出入盘后摆上蓝莓和薄荷叶点缀即可。

# 南瓜百合羹

热量
**317** kcal

## 材料

圆南瓜半个

- - - - - - - - - - - - - - - - - - - - -

鲜百合 **50g**
胡萝卜片 **20g**
百里香 **10g**
盐 **1g**
淡奶油 **20g**

## 做法

**1** 圆南瓜切成块，上锅蒸8分钟。

**2** 把蒸熟的圆南瓜放入料理机中打成蓉。

**3** 鲜百合焯水备用。

**4** 锅中加入适量水，把南瓜蓉倒入，下入鲜百合、胡萝卜片、盐、淡奶油一起慢煮，煮至黏稠时，下入百里香增香即可。

　　金色的南瓜汤羹里浮现出洁白的百合，色泽赏心悦目，味道甜美可口。南瓜富含维生素和果胶、胡萝卜素，能起到解毒、护眼护肤的作用。百合可清心定惊安神，治咳嗽。百合鲜品富含黏液质及维生素，对皮肤细胞新陈代谢有益，常食百合有美容作用。爱美、静心、亮眼的人看过来！

# 蟹肉玉脂羹

蛋白质
**26**g

热量
**332**kcal

🥫 **材料**

柴鸡蛋 **2**个　　　蓝莓 **1**个　　青豆 **2**颗

阿拉斯加蟹钳 **100**g　　　　　　　原味豆浆 **20**g

牛奶 **50**g　　　　　　　　　　　盐 **3**g

陈年花雕酒 **10**g

　　蟹乃食中珍味，素有"一盘蟹，顶桌菜"的民谚。它不但味美，而且是一种高蛋白的补品。鸡蛋对神经系统和身体发育有很大的帮助，其中含有的胆碱可改善各个年龄段人群的记忆力。牛奶中含有丰富的钙、维生素D等，包括人体生长发育所需的全部氨基酸，消化率可高达 98%，是其他食物无法比拟的。这组高蛋白食物强强联手，组成了这款强身健脑的美食。

■ 做法

**1**

蟹钳取肉备用。

**2**

鸡蛋打散，过滤筋膜，加入牛奶、陈年花雕酒、原味豆浆、盐、蟹钳肉搅拌均匀。

**3**

放入蒸锅，上汽之后，转成小火，蒸制8~10分钟，出锅，放上蓝莓和青豆，鲜香细嫩的蟹肉玉脂羹制作完成。

　　金枪鱼富含钙，常食有助于牙齿和骨骼健康。其肉低脂肪、低热量，还含有优质的蛋白质和其他营养素，食用金枪鱼不但可以保持苗条的身材，而且可以平衡身体所需要的营养，是现代女性轻松减肥的理想选择。吃土豆不必担心脂肪过剩，因为它只含有 0.1% 的脂肪，是其他所有充饥食物望尘莫及的。不过要想减肥，用土豆替代部分主食才是明智的选择。

# 有机马铃薯金枪鱼

## 2人食用

蛋白质
**41** g

热量
**545** kcal

### 🫙 材 料

金枪鱼罐头 **1** 盒 ●
黄彩椒 **1** 个 ●
西葫芦 **1/4** 个 ◀
小青橘 **2** 个（切片）●●

- - - - - - - - - - - - - - - - - - - - - - - - - -

有机马铃薯 **200g**
胡萝卜 **50g**
鲜莳萝 **15g**
黑胡椒碎 **5g**
橄榄油 **15g**
白兰地 **10g**
海鲜酱油 **15g**
大蒜碎 **10g**

### 🍲 做 法

**1** 有机马铃薯切片，用蒸锅蒸制5分钟，胡萝卜、西葫芦切块焯水备用。

⬇

**2** 锅中放入橄榄油，下入大蒜碎和黑胡椒碎炒香，放入果蔬烹入海鲜酱油和白兰地，放入金枪鱼、胡萝卜片、西葫芦块略微炒香，撒入鲜莳萝、小青橘增香提味。

减 脂 增 肌 健 身 餐 单

晚餐

# 黑枸杞牛肉蒸菜

蛋白质
**38**g

热量
**759**kcal

## 🫙 材料

圣女果 **3** 个 ●●●
白兰地 少许

- - - - - - - - - - - - - - - - - - - -

牛仔骨 **200g**
黄金西葫芦 **50g**
黑枸杞 **20g**
大松子 **10g**
蔬菜汁 **30g**
甜辣酱 **20g**
橄榄油 **15g**

## 🍲 做法

**1** 黑枸杞用冷水浸泡。

↓

**2** 牛仔骨用蔬菜汁和黑枸杞水腌制以更好地增嫩去腥膻。

↓

**3** 黄金西葫芦煎制好，备用。

↓

**4** 平底锅烧热，放入少许橄榄油，放入牛仔骨，快速两面煎熟，淋上甜辣酱，出锅前烹入白兰地。装盘后撒上大松子。

■■ 营养师点评

　　牛肉中富含丰富的蛋白质、铁，能提高身体免疫力，有补中益气、滋养脾胃、强健筋骨之功效，自古就是补虚佳品，尤其适合贫血人群。与疏肝明目的黑枸杞一起搭配新鲜的蔬菜，营养丰富。推荐"面色"不好的人食用。

# 黑椒波士顿龙虾沙拉

~~~~ 2 人食用

## 🫙 材料

盐 适量

| | |
|---|---|
| 波士顿龙虾 **200g** | 鲜莳萝 **20g** |
| 黄金西葫芦 **50g** | 干迷迭香碎 **20g** |
| 西芹 **40g** | 甜辣酱 **30g** |
| 小洋葱 **40g** | 橄榄油 **15g** |

蛋白质
**38**g

热量
**691**kcal

**做法**

**1** 波士顿龙虾洗净焯水，控干水分。

**2** 配菜鲜蔬切丁备用。

**3** 平底锅烧热，下入橄榄油，放入龙虾肉煎香，撒入干迷迭香碎炒香，放入备好的鲜蔬翻炒，淋上适量甜辣酱，继续翻炒均匀，撒上鲜莳萝增香即可。

# 清拌香椿苗八爪鱼

### 材料

小青橘 **2 个** ●●

---

香椿苗 **50g**

即食八爪鱼 **40g**

白醋 **10g**

橄榄油 **5g**

盐 **2g**

### 做 法

**1** 即食八爪鱼清洗干净。

**2** 香椿苗和八爪鱼拌在一起，加入小青橘、白醋、橄榄油、盐拌均匀即可。

### 营养师点评

现代医学研究指出：香椿苗中含有黄酮、萜类、皂苷、鞣质和生物碱等重要药用成分。其中的黄酮化合物具有抗病毒、抗氧化、调节血脂的功效；所含的萜类物质，有抗菌消炎、解热、祛痰的功效。因此香椿苗是一种优良的药食兼用的保健蔬菜。搭配高蛋白的八爪鱼、富含维生素 C 的小青橘，有助于抗衰老。

# 盐水章鱼沙拉

蛋白质
**32**g

热量
**514**kcal

## 材料

草莓 2 个 ●●

- - - - - - - - - - - - - - - - - - - - - - -

章鱼足 100g
秋葵 100g
蜜豆仁 20g
玉米粒 20g
藜麦 20g
松子 20g
盐 5g
橄榄油 15g
意大利黑醋 30g
白胡椒粒 10g
白葡萄酒 20g

## 做 法

**1** 锅中加入温开水烧至80~90℃，小火保持温度。

**2** 章鱼足用橄榄油、盐、意大利黑醋、白胡椒粒、白葡萄酒腌制入味去腥，装入密封袋中，抽净空气，放入温水锅中，浸泡40分钟。

**3** 捞出切片，佐食秋葵和玉米粒等食材。

## 营养师点评

章鱼属于高蛋白、低脂肪的食材，如果我们既想摄取蛋白质又不想脂肪摄入超标，章鱼是不错的选择。章鱼富含牛黄酸，能抗疲劳、降血压、软化血管、抗氧化、延缓衰老等。秋葵为低能量食物，是很好的减肥食品，其所含黄酮具有抗氧化、防衰老的作用。这款菜肴是很好的养生保健菜！

# XO 酱蒸生蚝

2 人食用

蛋白质
**61**g

热量
**826.2** kcal

## 材料

生蚝 **5** 只 ●●●●○　　柠檬半个　　姜 **5** 片 ●●●●●○

干贝 **50g**　　　　　　　　　蒜蓉 **20g**

金华火腿 **50g**　　　　　　　小干葱碎 **20g**

虾干（海米）**30g**　　　　　橄榄油 **30g**

干辣椒丝 **10g**　　　　　　　砂糖 **5g**

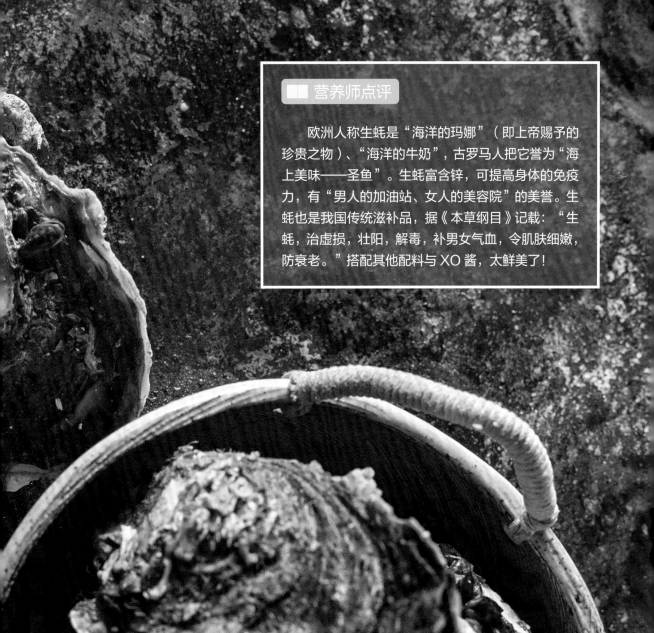

欧洲人称生蚝是"海洋的玛娜"（即上帝赐予的珍贵之物）、"海洋的牛奶"，古罗马人把它誉为"海上美味——圣鱼"。生蚝富含锌，可提高身体的免疫力，有"男人的加油站、女人的美容院"的美誉。生蚝也是我国传统滋补品，据《本草纲目》记载："生蚝，治虚损，壮阳，解毒，补男女气血，令肌肤细嫩，防衰老。"搭配其他配料与 XO 酱，太鲜美了！

🍲 做法

**1** 生蚝取肉清洗干净，淋上几滴柠檬汁。

**2** XO酱：

- 蒸锅中放入纯净水和姜片，放入干贝蒸10分钟，取出搓成丝，放入油锅中炸干（注意干贝中的水分要吸收干净，以免爆锅）。
- 火腿切丝后和虾干一起炸干。
- 橄榄油入锅，下入干辣椒丝、蒜蓉、小干葱碎，煸香，下入备好的食材，加入砂糖略微煸炒。
- 将炒熟的XO酱静置1小时即可。

**3** 把XO酱放在生蚝肉上，用蒸锅大汽蒸制3分钟即可食用。

# 串烧甜椒大虾

2 人食用

蛋白质
**51**g

热量
**820**kcal

## 材料

黄彩椒 1个 ●
红彩椒 1个 ●

海虾 300g
小青瓜 50g
小洋葱 50g
小青橘 50g
叉烧酱 50g
黑胡椒碎 10g
橄榄油 20g
盐 5g

## 做法

① 海虾去头和虾壳留下虾尾，去除背部和腹部虾线，用橄榄油、黑胡椒碎和盐略腌制。

② 将海虾肉和彩椒丁、小青瓜丁穿在一起，放入平底锅里煎制，淋上橄榄油、黑胡椒碎、叉烧酱，撒入小青橘和小洋葱略煎，虾肉焦香四溢时出锅即可。

这是色泽悦目让人惊艳的串烧虾！虾中含有较丰富的镁，能很好地保护心血管，同时还富含钙，可以让我们有"骨气"，更加有"骨劲"，让我们身体棒棒的！搭配鲜蔬，营养高、热量低，可以很好地享"瘦"健康哟！

# 番茄汤慢煮龙虾

## 3 人食用

### 🫙 材料

波士顿龙虾 **1** 只　　番茄 **3** 个 ●●●　　青口贝 **4** 只 ●●●●　　姜 **5** 片 ●●●●●

口蘑 **50g**　　　　　　　　苹果醋 **30g**

西芹 **50g**　　　　　　　　盐 **2g**

玉米粒 **30g**　　　　　　　白砂糖 **5g**

番茄酱 **30g**　　　　　　　百里香 **10g**

橄榄油 **10g**

　　红艳艳的番茄富含番茄红素、胡萝卜素，具有很强的抗氧化作用，可以抗衰老，增强免疫力，减少皮肤色素沉着。龙虾中钙、磷、镁、钠及铁的含量都比一般畜禽肉高。因此，经常食用龙虾肉可保持神经、肌肉的兴奋性，让你吃出"战斗力"，在职场上精神满满。

蛋白质
**85**g

热量
**1032**kcal

■ 做法

**1**
波士顿龙虾斩成块，冷水中洗去腥味。

**2**
锅上火后放入底油，姜片煸香，下入番茄块小火煸炒，下入番茄酱炒出红油时，下入开水，再依次下入苹果醋、盐、白砂糖，开锅后打去浮沫，下入龙虾和青口贝、口蘑慢煮8分钟。

**3**
最后下入西芹、玉米粒、百里香煮出香味即可。

# 腊八豆银鳕鱼

## ▊ 营养师点评

　　银鳕鱼属冷水域之深海鱼类，维生素 D 含量丰富，健脑的同时帮助钙质的吸收。鱼肉中含有丰富的镁元素，对心血管系统有很好的保护作用。腊八豆含有丰富的氨基酸、维生素、功能性短肽、大豆异黄酮等生理活性物质，是营养价值较高的保健发酵食品，具有开胃消食的作用。

## 🥫 材 料

圣女果 **2 个** ●●

| | |
|---|---|
| 银鳕鱼 **200g** | 小米辣椒碎 **10g** |
| 豌豆尖 **50g** | 蒸鱼豉油 **20g** |
| 腊八豆 **30g** | 橄榄油 **10g** |
| 姜末 **10g** | |

 **做法**

**1**
银鳕鱼切块，清洗干净，控干水分备用。

**2**
锅中放入橄榄油，下入小米辣椒碎、姜末，炒香，下入腊八豆，烹入蒸鱼豉油，小火慢炒，炒出红油。

**3**
豌豆尖焯水备用，圣女果煎熟备用。

**4**
把炒好的腊八豆酱浇在银鳕鱼上，上蒸锅蒸制5分钟，摆入盘中即可。

# 奶汤青口贝

2 人食用

蛋白质
**23**g

热量
**929**kcal

🫙 **材 料**

青口贝 **10** 只 ●●●●●●●●●

白胡椒粉 少许

- - - - - - - - - - - - - - - -

淡奶油 30g

黄油 20g

橄榄油 20g

欧芹 10g

洋葱碎 30g

白葡萄酒 20g

盐 2g

🍲 **做 法**

**1** 青口贝清洗干净备用。

**2** 锅中下入黄油熔化，加入少许橄榄油，放入洋葱碎进行煸炒，出香味时烹入白葡萄酒，再放入适量开水，加入淡奶油、盐和白胡椒粉。

**3** 放入青口贝大火快煮4分钟，最后再撒入一些欧芹碎即可。

📖 **营养师点评**

　　贝类软体动物中含有能降低血清胆固醇的物质，可抑制胆固醇在肝脏内的合成和加速排泄胆固醇。人们在食用贝类食物后，常有一种清爽宜人的感觉，这对解除一些烦恼症状无疑是有益的。与淡奶油搭配，不光鲜嫩味美，同时也是强身壮骨佳品。能够减肥补钙、愉悦心情的美食，就是它了。

# 黑椒烤胡萝卜甜虾

## 材料

蓝莓 **5** 个 ●●●●●     蒜 15 片 ●●●●●●●●●●●●●●●

---

甜虾肉 **100g**       干迷迭香 **10g**

有机小胡萝卜 **150g**       黑胡椒 **5g**

芦笋 **50g**       橄榄油 **10g**

百里香 **5g**       盐 **3g**

 做法

**1**

先将有机小胡萝卜削皮切小块，把甜虾肉和胡萝卜、芦笋分别焯熟，沥干水分备用。

**2**

中火将锅烧热，加入橄榄油，放入黑胡椒，放入蒜片慢慢煸炒，炒至金黄出香味；加入迷迭香、百里香和盐，下入甜虾肉和胡萝卜、芦笋、蓝莓略炒，装入烤盘中备用。

**3**

烤箱温度调至200℃，平铺所有食材烤制8分钟即可。

# 牛油果黑椒鸡排

3 人食用

蛋白质
**62** g

热量
**1370** kcal

## 材料

柠檬汁 少许

- - - - - - - - - - - - - - - - - - - - -

鸡脯肉 **300g**

迷迭香 **10g**

大蒜蓉 **10g**

欧芹碎 **5g**

盐 **5g**

黑胡椒碎 **5g**

橄榄油 **10g**

牛油果 **50g**

茴香根 **20g**

大杏仁 **10g**

## 做法

**1** 把鸡脯肉洗净，沥干水分放入器皿中，放入盐、迷迭香、欧芹碎、柠檬汁、黑胡椒碎和橄榄油腌制，放入冰箱中冷藏2小时。

**2** 烤箱温度设定为200℃，将腌好的鸡脯肉放入烤箱中，烤20分钟至熟。

**3** 牛油果和茴香根、大杏仁用橄榄油和盐拌匀摆入盘中即可。

　　鸡肉中蛋白质含量较高，且易被人体吸收利用，有增强体力、强壮身体的作用。其所含对人体生长发育有重要作用的磷脂类，是中国人膳食结构中脂肪和磷脂的重要来源之一。牛油果与人体皮肤的亲和性好，极易被皮肤吸收，对紫外线有较强的吸收性，加之富含维生素E及胡萝卜素等，因而具有良好的护肤、防晒与保健作用。加上健脑润肤的大杏仁，香美怡人。

　　健美、爱美人士的最佳选择！

# 有机樱桃萝卜蘸黄酱

热量
**168** kcal

## 材料

黄豆酱 适量  盐 少许

有机樱桃萝卜200g
冰糖50g

## 做法

1 有机樱桃萝卜洗净，放入冰箱保鲜室冷藏备用。

2 冰糖加水熬开，加入少许盐，放入冰箱冷藏凉透备用。

3 有机樱桃萝卜拍碎，浸泡在糖水中5分钟，捞出后蘸食黄豆酱即可。

## 营养师点评

这款菜肴简单，保持了菜的原味，有机樱桃萝卜更像一种水果，少了辛辣味，爽脆可口。它含有较高的水分，维生素C含量是番茄的3~4倍，还含有较多的矿物质、芥子油、木质素等多种成分。生食有促进肠胃蠕动、增进食欲的作用。另外，萝卜生吃可防癌，这一点很重要。

# 米椒酱灼秋葵

热量
**86** kcal

 材 料

秋葵 **150g**

小米辣椒 **30g**

蒜蓉 **30g**

盐 **3g**

蜂蜜 **30g**

苏打水 **30g**

秋葵含有丰富的可溶性纤维、维生素 C，能使皮肤美白细嫩；秋葵还富含 β–胡萝卜素，可以保护皮肤、黏膜、视力。秋葵的黏液中含有水溶性果胶与黏蛋白，能降糖降脂，排除毒素；秋葵含有果胶、牛乳聚糖等，具有助消化、护肠胃之功效，因此秋葵被誉为人类较好的保健蔬菜之一。

做法

**1**

选择表面翠绿无伤痕的秋葵，整根下入热水中汆烫（整根汆烫避免胶质和营养素流失），过凉水后，劈成两半备用。

**2**

小米辣椒和蒜蓉、苏打水、盐一起倒入料理机中慢速搅打，打成蓉后和蜂蜜一起蘸食即可。

# 甜辣酱拌西蓝花苗

热量
**144** kcal

## 材料

有机西蓝花苗 **100g**
西芹 **30g**
橙皮 **10g**
甜辣酱 **20g**
豉油汁 **20g**
橄榄油 **10g**
盐 **3g**

## 做法

**1** 有机西蓝花苗下入开水锅中汆烫，加盐入底味，淋少许橄榄油。

**2** 捞出后迅速放入冰水中过凉，使其颜色翠绿，口感清脆。

**3** 西芹切梳子刀，橙皮切碎。

**4** 将所有备好的食材摆盘，淋上甜辣酱和豉油汁即可。

## ■ 营养师点评

　　西蓝花是防癌明星蔬菜！它的抗癌能力主要来自于它所含有的硫葡萄糖苷以及微量元素。长期食用可以减少乳腺癌、直肠癌及胃癌等癌症的发病概率。据美国癌症协会的报道，在众多蔬菜水果中，西蓝花的抗癌效果是最好的。不光防癌，与芹菜搭档，还能排毒减肥呢。

# 黑胡椒橄榄油紫薯

## 材料

黄彩椒 **1** 个　●　红彩椒 **1** 个　●　孢子甘蓝 **3** 个　● ● ●

紫薯 **300g**
黑胡椒 **10g**
橄榄油 **10g**
盐 **2g**
苹果醋 **10g**

## 做法

**1** 紫薯去皮切块，撒少许盐，放入蒸锅蒸8分钟，凉透备用。

**2** 黑胡椒、苹果醋、盐和橄榄油调匀备用。

**3** 孢子甘蓝氽水凉透，和红彩椒、黄彩椒、蒸熟的紫薯拌在一起，淋上调好的黑椒醋汁即可。

### 营养师点评

　　紫薯之所以具有绚丽的色彩，是因为其富含花青素，可以抗衰老，改善皮肤肤质，调理内分泌，保护心血管。紫薯富含硒和铁，这两者是人体抗疲劳、抗衰老、补血的必要元素，特别是硒被称为"抗癌大王"。搭配富含维生素C、膳食纤维的彩椒、孢子甘蓝，这是美白瘦身的黄金组合！

**■■ 营养师点评**

　　吃沙拉如果还使用市售的沙拉酱，那你真的要改变一下了。因为买来的沙拉酱虽然口感不错，但是含有的脂肪、热量很高，看似清爽可口的蔬菜还真不能帮你减肥。不过你可以试试这款自制的沙拉酱，搭上多种食材，营养全，健康吃，不会胖！

# 金枪鱼藜麦蔬果沙拉

## 🫙 材料

鸡蛋（取蛋白）**1个** ●　　薄荷叶 **5片** ● ● ● ● ●

蛋白质
**23** g

热量
**292** kcal

树莓 **20g**

金枪鱼 **50g**

蓝莓 **20g**

大杏仁 **15g**

玉米粒 **15g**

藜麦 **15g**

樱桃萝卜 **15g**

圣女果 **10g**

罗马生菜 **20g**

蒜蓉 **5g**

橄榄油 **5g**

柠檬汁 **20g**

大藏芥末 **20g**

盐 **3g**

奶酪片 **5g**

## 🍲 做法

**1**  将各种蔬果食材改刀备用。

**2** 把橄榄油、盐、蒜蓉、奶酪片、柠檬汁、大藏芥末倒入料理机中，中速打制成柠檬芥末沙拉汁。

**3**  将所有食材混匀，淋上酱汁即可食用。

# 果香糙米饭

3 人食用

蛋白质
**15**g

热量
**1400**kcal

## 材料

草莓 **3** 个 ●●●          芒果半个 ●

黑橄榄 **5** 个 ●●●●●     鸡蛋（取蛋白）**1** 个 ●

黑胡椒碎 少许

糙米 **300g**
青豆 **20g**
橄榄油 **15g**
盐 **3g**

##  做法

**1** 糙米用温水浸泡10分钟，再换冷水，滴入少许橄榄油，放入锅中蒸制20分钟。

⬇

**2** 平底锅中下入橄榄油，下入蛋白炒成颗粒，放入糙米饭，放入盐和黑胡椒碎翻炒均匀，放入切好的水果丁和青豆，略微翻炒即可。

想要获得健康，就得吃点粗粮，2016 年最新版的《中国居民膳食指南》推荐我国居民每天的粗粮摄入量为 50~150g，可以补充我们吃细粮容易缺乏的维生素与膳食纤维，与豆类搭配可以与氨基酸互补，搭配香甜的水果，这样的饭真是别有风味！

# 酸瓜番茄汤
## 2人食用

**营养师点评**

　　酸黄瓜是一种非常常见的开胃菜，非常适合食欲缺乏，或者是想改善口味的人食用。黄瓜中含有的葫芦素C具有提高人体免疫力的作用，所含的羟基丙二酸，可抑制糖类物质转变为脂肪。酸黄瓜搭配一些新鲜蔬菜，加上培根提味，这款汤真是让人胃口大开，还吃不胖！

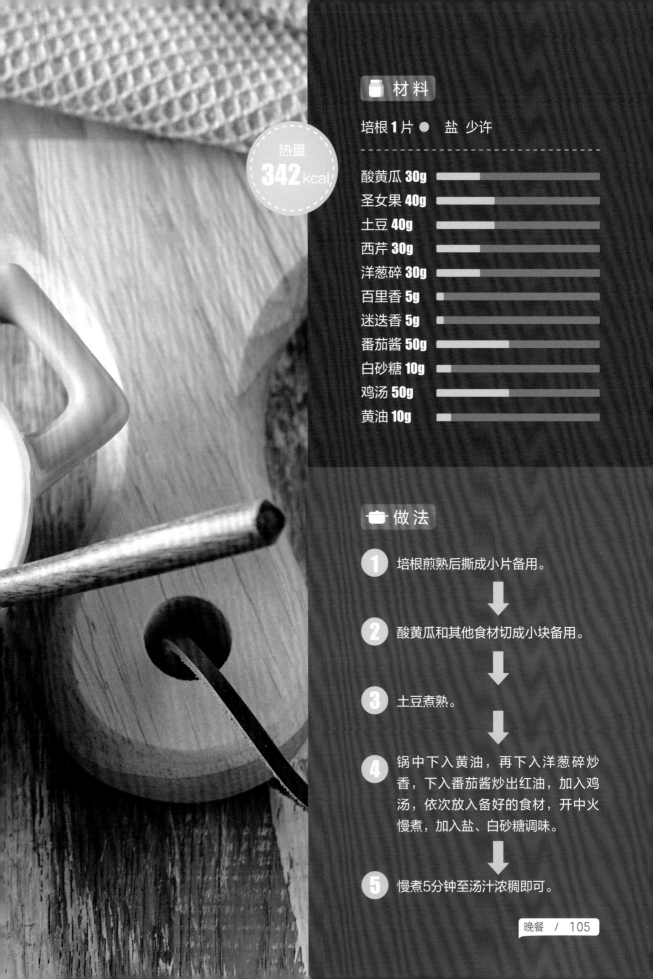

热量
**342** kcal

## 材料

培根 1 片 ● 盐 少许

- - - - - - - - - - - - - - - - - - - - -

酸黄瓜 30g
圣女果 40g
土豆 40g
西芹 30g
洋葱碎 30g
百里香 5g
迷迭香 5g
番茄酱 50g
白砂糖 10g
鸡汤 50g
黄油 10g

## 做法

**1** 培根煎熟后撕成小片备用。

**2** 酸黄瓜和其他食材切成小块备用。

**3** 土豆煮熟。

**4** 锅中下入黄油，再下入洋葱碎炒香，下入番茄酱炒出红油，加入鸡汤，依次放入备好的食材，开中火慢煮，加入盐、白砂糖调味。

**5** 慢煮5分钟至汤汁浓稠即可。

减 脂 增 肌 健 身 餐 单

加餐

# 桂花藻胶南瓜

2 人食用

**热量**
**618**kcal

 **材 料**

圆南瓜半个

干桂花 **5g**　　　　　　　　　冰糖 **30g**

海藻胶 **30g**　　　　　　　　水 **80g**

（或用琼脂代替）　　　　　　盐 **1g**

做法

**1**

圆南瓜切成三角块，放入蒸锅蒸制8分钟。

**2**

锅内加水烧开，放入冰糖、干桂花、海藻胶，放入一点盐中和一下味道；小火慢慢熬制3分钟，桂花香味散出并且汤汁浓稠时，即可取出蒸制好的南瓜，把汤汁淋在南瓜上即可。

# 玉米香蕉泥 　2 人食用

蛋白质
**57**g

热量
**952**kcal

## 材料

香蕉 **2** 根 ●●

甜玉米粒 **300g**

洋葱碎 **30g**

淡奶油 **50g**

鸡汤 **200g**

盐 **2g**

橄榄油 **20g**

## 做法

**1** 锅中下入橄榄油和洋葱碎炒香，下入淡奶油和鸡汤，下入甜玉米粒煮透，放入盐调味，倒入料理机中。

**2** 香蕉切块后一同下入料理机中转速打制成糊状，倒入盘中即可。

## 营养师点评

　　满目金黄、香甜可口的玉米香蕉泥会给你带来怎样的惊喜呢？如果你心情郁闷，适合吃它！如果你便秘，适合吃它！如果你眼睛干涩、视力下降，也适合吃它！如果你想减肥，还可以吃它！谁让这黄金组合就是这么任性地富含钾、膳食纤维、胡萝卜素、叶黄素和维生素 C 呢！

# 椰奶牛油果

〜〜〜〜 2 人食用

蛋白质
**26**g

热量
**724**kcal

🥛 **材 料**

牛油果 **3 个** ●●● 　　橄榄油 适量

去核黑橄榄 **30g** ▬▬▬　　　盐 **3g** ▬▬▬
欧芹碎 **5g** ▬　　　　　　百里香 **3g** ▬
椰浆 **50g** ▬▬▬▬　　　　洋葱碎 **40g** ▬▬▬
淡奶油 **40g** ▬▬▬　　　　鸡汤 **100g** ▬▬▬▬▬

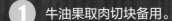

 牛油果取肉切块备用。

② 锅中放入橄榄油，洋葱碎炒香，下入淡奶油、椰浆、百里香、盐、鸡汤搅匀，大火烧开。倒入料理机中，把牛油果一起放入，搅打成浓汤。

③ 盛入碗中，撒上欧芹碎和去核黑橄榄即可。

# 咸豆蓉酸奶水果

## 材料

草莓 **5** 个　　　　蓝莓 **10** 个　　　　罗勒叶 **5** 片

树莓 **5** 个

无籽西瓜 **100g**　　　　　　樱桃味白兰地 **10g**

豌豆 **50g**　　　　　　　　蜂蜜 **20g**

帕尔玛奶酪碎 **15g**　　　　　白醋 **10g**

亮眼且清爽的果品！草莓、树莓、蓝莓、西瓜都富含花青素和维生素 C，这可是美颜的法宝，豌豆可润泽肌肤。这是一道美容水果大餐。

蛋白质
**15**g

热量
**335**kcal

🍳 做 法

**1** 草莓等水果洗净切块放入器皿中备用。

**2** 豌豆煮熟备用。

**3** 把豌豆和帕尔玛奶酪碎、樱桃味白兰地、蜂蜜、罗勒叶、白醋倒入料理机中打成蓉，淋在水果上即可。

# 蓝莓青瓜面包

**热量**
**352** kcal

## 材料

蜂蜜千层酥面包 **1** 个 ●
柠檬片 **5** 片 ●●●●●

青瓜片 **50g**
蓝莓 **50g**
萝卜苗 **30g**
蓝莓酱 **30g**
橄榄油 **5g**
黑胡椒 **5g**
盐 **1g**

## 做法

**1** 蜂蜜千层酥面包用烤箱加热，斜刀切成厚片。盛盘。

**2** 柠檬片和青瓜片用橄榄油和盐略微腌制后依次放入盘中，蓝莓和萝卜苗洗净后放入。

**3** 均匀淋上蓝莓酱，元气满满的加餐面包即可食用。

# 藜麦芥末核桃仁

2人食用

## 材料

橄榄油 少许　大蒜碎 少许

鲜核桃仁 60g

红皮藜麦仁 30g

欧芹 10g

芥末油 5g

盐 1g

砂糖 5g

白醋 5g

热量
**618** kcal

## 做法

**1** 鲜核桃仁放入热水中焯熟，捞出过凉水备用。

**2** 红皮藜麦仁上蒸锅蒸制8分钟至熟备用。

**3** 鲜核桃仁和红皮藜麦仁，以及欧芹碎拌在一起，用芥末油、盐、白醋、砂糖、橄榄油、大蒜碎调味即可。

## 营养师点评

核桃中所含脂肪的主要成分是亚油酸甘油酯，是大脑基质的必要成分。所含的锌和锰是脑垂体的重要成分，常食有健脑益智作用，又是神经衰弱的治疗剂。古人说核桃能"补肾通脑，有益智慧"。藜麦里面所含有的纤维几乎是糙米、燕麦和其他谷物的两倍，对润肠排毒非常有益。此款菜肴是失眠、健忘、减肥人群的好帮手。

# 红酒话梅浸芸豆

4人食用

蛋白质
**88**g

热量
**1784** kcal

### 📦 材料

盐 少许　水 适量

---

芸豆 400g
话梅干 50g
红酒 100g
朗姆酒 20g
蜂蜜 40g
藻胶 40g

### 🍲 做法

**1** 芸豆用温水浸泡5小时，泡软后备用。

⬇

**2** 锅中加适量水烧开；关小火，加入话梅干、红酒、朗姆酒、蜂蜜、盐烧开，放入泡好的芸豆，小火慢煮40分钟。

⬇

**3** 放入藻胶，慢煮10分钟，至汤汁略微黏稠明亮即可。

　　红酒向我们证明了，只要不过度，享受和健康是可以兼得的。德国科学家研究发现，红酒中含有的白藜芦醇能抑制脂肪细胞生长，有减肥作用。红酒还能通经活络。与芸豆碰撞，补充丰富的蛋白质、钙、膳食纤维，加上话梅的酸甜味，惊艳地呈现在你面前，简单易做，好吃不怕胖，朋友来时你也可以在他们面前露一手。

能量水炖菌汤

热量
**187** kcal

 **材料**

竹荪 **50g**

小白蘑 **30g**

冰川矿泉水 **100g**

盐 **2g**

淀粉 **30g**

白醋 **10g**

做法

**1**
竹荪用温水浸泡10分钟，捞出，加入干淀粉和白醋，反复搓洗，吸附出内部所含有的泥沙，用清水冲洗干净备用。

**2**
小白蘑清洗干净。

**3**
炖盅中加入冰川矿泉水和盐，放入洗净的竹荪和小白蘑，在蒸锅中蒸制40分钟即可。

# 能量水豌豆蓉

～～～～～ 2 人食用

蛋白质
**35**g

热量
**537**kcal

## 材料

面包 适量

---

豌豆 **150g**
冰川矿泉水 **100g**
盐 **3g**
淡奶油 **8g**

## 做法

**1** 豌豆在锅中蒸熟，过凉备用。

**2** 冰川矿泉水加热后冷却，加入盐和淡奶油，再加入煮熟的豌豆，一起倒入料理机中，中速打成蓉，佐面包食用。

## 营养师点评

民间流传着这样一句话："每天吃豆三钱，何需服药连年"。由此可见，豆类营养丰富，有助于提高身体免疫力。其中，豌豆富含纤维素、维生素 C，能保持大便通畅，起到清洁大肠的作用。富含赖氨酸，这是其他粮食少有的。如缺乏赖氨酸，会造成厌食、贫血等。这道美食是厌食、便秘者的福音！

# 糖桂花浸番茄

热量
**286**kcal

## 材料

串红番茄 **300g**
干桂花 **30g**
冰糖 **30g**
纯净水 **200g**
盐 **1g**
玫瑰露酒 **5g**

## 做法

**1** 串红番茄洗净，锅中烧开水，将串红番茄下入20秒钟后迅速捞出过凉，把外皮全部剥掉，备用。

**2** 纯净水烧开，下入冰糖和盐，慢慢煮化，下入干桂花和少许玫瑰露酒慢煮，煮出桂花香味时，放凉，然后放入冰箱冷却。

**3** 把串红番茄放入桂花糖水中浸泡1小时，即可食用。

番茄既是蔬菜又是水果，不仅色泽艳丽、形态优美，而且味道适口、营养丰富，含有维生素C、谷胱甘肽和番茄红素等物质。这些物质可促进人体生长发育，特别是可促进小儿的生长发育，并且可增强人体免疫力，延缓衰老。

# 蒜椒番茄蛋白

～～～ 2人食用

## 🥛 材料

牛油果 **1** 个 ● 马苏里拉奶酪片 **2** 片 ●● 洋葱半个 ◐

---

蛋白 **50g**

有机番茄 **50g**

洋葱碎 **50g**

蒜蓉 **40g**

小米辣椒 **20g**

鸡汤 **50g**

百里香 **10g**

橄榄油 **10g**

盐 **3g**

很多人觉得牛油果含有很多脂肪,不敢吃。牛油果的确脂肪含量高,但主要含的是单不饱和脂肪酸,适量吃可以降低低密度脂蛋白,减少患心血管疾病的风险,加上具有保护心血管功效的洋葱、番茄,配上蛋白,联合打造成了这款护心菜,希望你有一颗有爱又健康的心。

蛋白质
**28** g

热量
**1014** kcal

🍲 做法

1 蛋白切块,牛油果、洋葱和有机番茄改刀处理,备用。

⬇

2 洋葱碎下入锅中,加入橄榄油略微煸炒,下入小米辣椒、百里香和蒜蓉炒香;加入鸡汤烧开,加盐调味,加入奶酪片,烧开后倒入料理机中打碎,淋在摆好的食材上即可。